U0052228

Su 劉娃

好可愛手作包

# 廚娃の小動物貼布縫
# 設計book

Su♥ 廚娃＊著

# 「轉個彎，
# 會看見更美麗的風景」

曾經以為不會再碰手作了！
2019年，因為家中變故，我的人生陷入了底潮。
無法入睡，不管是白天或黑夜，只能躺在床上，呆呆地靜待光陰流逝。
求助醫生、求助神跡，經過了兩年的時間，很幸運的，我從憂鬱症中走了出來。

謝謝我的家人老粘、羹媽、還有我的朋友們，在徬徨無助時，讓我有所依靠。

編輯璟安在我回到最佳狀態的時候，對我說：老師，再跟我們合作出書吧！
於是，我拿出已束之高閣的手作素材，懷著感恩輕鬆的心，又開始繼續創作。因此我筆下的人物，與帆布、棉麻布相遇，也利用了身邊的各種材料相異結合。

這本書的作品，保有原本的拼布基礎底子，但我也不再執著只以傳統與工法製作作品，這一次，我只想照著心裡的藍圖，走一回！拾回對於手作的熱血之心，試試能否再沸騰自己的創作慾！

以愛延續，以愛創作，讓手作的溫度，繼續發熱，
願我們都能夠更加勇敢面對未來。

手作人！翻翻你的手作黑洞，相信你家中的手作素
材，不會比我少！

有時，轉個彎，會看見更美麗的風景！

轉個彎，
會看見更美麗的風景！

Su♡尉娃

網路作家。
愛玩針線，也愛紙上塗鴉，
一個熱愛手作的家庭主婦。
Facebook粉絲專頁
請搜尋「Su尉娃手作力空間」

suliman.su18

## 手作啡常日記

P.2 Preface
轉個彎，會看見更美麗的風景

P.8 最愛點心的小刺蝟

P.14 狐狸先生與綠髮廚娃

P.20 奇怪的廚娃

P.28 迷你廚娃與小恐龍

P.36 捲捲廚娃的浣熊野餐日

P.42 紫色廚娃與她的幸運松鼠

# CONTENTS

**P.52** 花椰菜廚娃與寵兒羊駝

**P.60** 小蜜蜂的旅行對話

**P.68** 小犀牛的華麗冒險

**P.72** 獅子的加油拔河

**P.80** 小天使廚娃與狐狸的祕密花園

**P.88** 小小蘇的快樂時光

**P.94** 魔髮廚娃的開心廚房

**P.102 · P.108** 悠遊廚娃 · 烏嚕嚕

**手作小教室**

**P.110** 貼布縫前置作業教學

**P.112** 基本材料 & 工具介紹

**P.113** 三角袋底製作方法

**P.114** 基礎繡法

**書內附錄圖案 & 紙型**

**P.120 - P.127**

開始，一段新的旅程。

2022年3月，
好友
推薦了一個鐵道旅遊的社團，
頓時心中有個小夢想在萌芽：
我要搭火車，
我想要
在全台鐵道附近喝咖啡。

所以我製作了
專屬的鐵道咖啡護照，
期待在每一站，都能遇見驚喜。

然後
大聲告訴自已，我很勇敢。

咖啡護照

三貂嶺

這是一個
除了火車
其他車輛都無法到達的車站。
疫情的緣故,
平日來訪,倍感山城的寧靜。
依著網路資訊,
走進了一間咖啡店,
遇見胖胖的老貓,
和酷酷的老闆娘。

# 親愛的家人

老粘、羹媽、小粘
是我生活中的強力後盾。
我的鐵道旅行，
對他們而言，
是我夢想的實現，
而不是玩樂無度。

老粘還擔心
我這個路痴，
會在山城裡迷失方向，
於是帶著我
在三貂嶺尋找螢火蟲，
讓我
在漆黑的夜晚唱著
一閃一閃亮晶晶，滿天都是小星星……

8

handmade bag

# 最愛點心的小刺蝟

How to make ➔ P.11至P.13

原寸圖案 A面

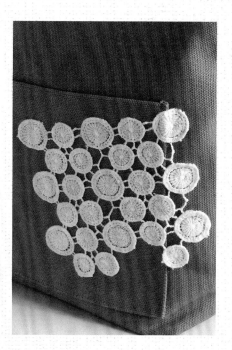

## 提把創意

將淺色皮革打出4個小洞，
固定在提把上。
兩邊提把長短不一，
刻意使尾端形狀有斜有正不規矩，
自由表現創意手作力。

## 最愛點心的小刺蝟　原寸圖案．A面

### ■材料準備

先染布
棉布
野木棉
帆布
薄舖棉
蕾絲
繡線
（白色、綠色、深咖啡色、黃色）
鉚釘
提把

### ■裁布尺寸標示

（裁布尺寸皆已含縫份）
A：28cm×17cm
B：8cm×21cm
C：8cm×21cm
D：40cm×9cm
E：40cm×48cm
F：28cm×6cm
裡布（裡袋）40cm×68cm
背面口袋：17cm×17cm

### ■裁布尺寸示意圖

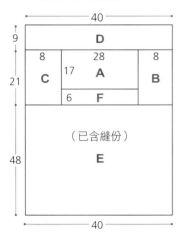

**廚娃の設計 tips**

裁布尺寸示意圖皆已含縫份，拼接布片的縫份也已計算在內，因此尺寸示意圖的總和會有所差異。

我慣用的製作方法，是將袋物的袋口往裡袋摺，裡袋袋口不留縫份，因此尺寸的示意圖表袋與裡袋的高度會有所差異。

**Step**
**1**
製作袋身

**1** A 表布依紙型編號順序完成貼布縫至編號 1，再與 F 布片車縫拼接。

**2** 拼接完成後，再繼續製作未貼縫的編號。

**3** 裝飾各個部位。

**4** 背面疊上薄舖棉，以珠針固定或疏縫固定。

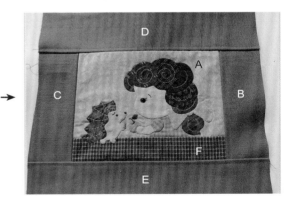

**5** 袋身作法請參考 P.14 狐狸先生與綠髮廚娃。

**★口袋作法與P.14《狐狸先生與綠髮廚娃》略有不同**

放在口袋縫份的部分不需車縫。

**1** 將口袋布袋口上方如圖往背面摺 2 次（每一褶為 1cm），車縫固定。

**2** 先於口袋正面車縫固定蕾絲。如圖疊放在口袋縫份的部分不需車縫。

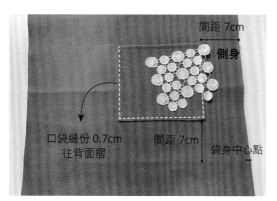

間距 7cm

側身

口袋縫份 0.7cm 往背面摺

間距 7cm

袋身中心點

**3** 將口袋縫份往背面摺後，可先以熨斗整燙定型，再依適當位置車縫固定於袋身後片，並車縫尚未固定的剩餘蕾絲。

★建議口袋適當位置：袋身中心點往上間距 7cm，袋身側身往左間距 7cm 處。

袋身作法

★袋身作法與 P.14《狐狸先生與綠髮廚娃》相同，請參考 P.19 **Step.3** 至 **Step.6**。

# 延續的美麗

我是蕾絲控！

原本想要淘汰的洋裝，

有著美麗的蕾絲，

但捨不得丟掉，

於是將它剪下，

將蕾絲裝飾在袋物上，

讓美麗的風采，繼續延續……

handmade bag

# 狐狸先生與綠髮廚娃

How to make ⊕ P.17至P.19

原寸圖案 B面

# 蕾絲片

將原先想要回收的舊衣，
取下蕾絲片，縫在包包的表布，
就成了優雅與可愛共存的實用袋物。

## 狐狸先生與綠髮廚娃 原寸圖案・B面

### ■材料準備

先染布
棉布
野木棉
帆布
薄舖棉
蕾絲
繡線
（黑色、綠色、深咖啡色）
鉚釘
提把
小花朵裝飾鈕

### ■裁布尺寸標示

（裁布尺寸皆已含縫份）

A：20cm×24cm
B：8cm×24cm
C：8cm×24 cm
D：32cm×9cm
E：32cm×51cm
裡布（裡袋）32cm×72cm
背面口袋：17cm×17cm

### ■裁布尺寸示意圖

```
        32
   ┌──────────────┐
 9 │      D       │
   ├────┬─────┬───┤
   │ 8  │ 20  │ 8 │
24 │ C  │  A  │ B │
   ├────┴─────┴───┤
   │  （已含縫份）  │
51 │      E       │
   └──────────────┘
        32
```

```
        32
   ┌──────────────┐
   │              │
   │  裡布〔裡袋〕  │
   │  （已含縫份）  │ 72
   │              │
   └──────────────┘
```

```
    17
  ┌──────┐
17│背面口袋│
  │（已含縫份）│
  └──────┘
```

**廚娃の設計 tips**

裁布尺寸示意圖皆已含縫份，拼接布片的縫份也已計算在內，因此尺寸示意圖的總和會有所差異。
我慣用的製作方法，是將袋物的袋口往裡袋摺，裡袋袋口不留縫份，因此尺寸的示意圖表袋與裡袋的高度會有所差異。

1 A 表布依紙型編號順序完成貼布縫。

2 裝飾各個部位。

3 A 布片背面疊上薄舖棉，再以珠針固定或疏縫固定亦可。

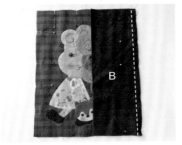

4 將 A 布片與 B 布片車縫拼接。

5 將 A 布片與 C 布片車縫拼接。B 表布與 C 進行壓線（與縫合處間距 0.7cm 位置）。

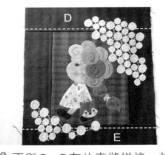

6 再與 D、E 布片車縫拼接。並將 D、E 表布進行壓線（與縫合處間距 0.7cm 位置）。

7 將蕾絲車縫固定於表布。

1 將口袋布袋口如圖往背面摺 2 次（每一褶為 1cm），車縫固定。

2 其他三邊的縫份往背面摺 0.7cm 後，再依適當位置車縫固定於後片袋身，可先以熨斗整燙定型。

★建議口袋適當位置：袋身中心點往上間距 7cm、側身往左間距 3cm 處。

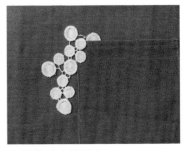

3 將蕾絲車縫固定。

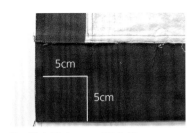 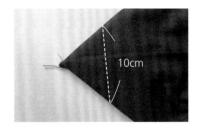

1　袋身正面相對對摺。左右兩邊
　車縫固定。

2　袋底畫出 5cm 正方線。

3　車縫組合表袋 & 裡袋三角底。
　抓底作法請參考 P.113。

 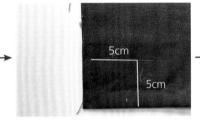 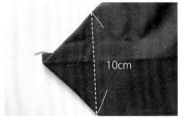

裡袋袋底作法與 **Step.3** 步驟 **1** 至 **3** 相同。可依個人需求製作裡袋內的口袋。裡袋內的口袋作法請參考 P.48 **Step.2**。

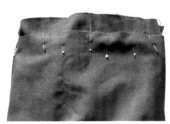 

1　將裡袋套入表袋（背面相對），
　使用珠針或疏縫固定袋口。

2　將表布袋身的袋口縫份往裡袋摺
　2 次後，蓋住裡袋袋口縫份，並
　車縫一圈。每一褶約為 2cm。

將皮革提把依適當的位置釘上表袋。
★建議提把適當位置：袋身中心點往左右 5cm 處。

# 奇怪的廚娃

奇怪的廚娃，
奇怪的表情，
頭上戴小花，
保持好奇心。

私底下的我，
有點怪，有點壞，
還有，
一點點的小可愛。

handmade bag

# 奇怪的廚娃

How to make ➡ P.23至P.25

原寸圖案 B面

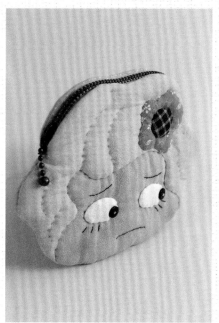

小粘說，
我把自己畫得很可愛。
那是一定要的啊！
照片
圖畫
文字
是增添
鐵道啡份之想的小樂趣。

## 奇怪的廚娃

原寸圖案・B 面

■**材料準備**
棉布
野木棉
舖棉
黑色釦子 2 顆
（7mm）
繡線（黑色、紅色）
拉鍊 12.5cm

**Step 1 製作前片**

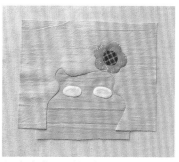

1 表布依紙型編號順序完成貼布縫。

**廚娃の設計 tips**

底布請依紙型預留縫份，我的慣用方式是貼布底布預留2cm。

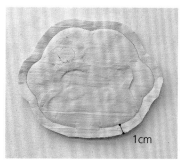

4 依紙型外加 1cm 縫份修剪。

返口

2 表布背面依紙型描繪。（建議型版使用塑膠片）

3 表布＋裡布正面相對＋舖棉，使用珠針固定之後，車縫一圈（請預留返口）

5 翻至背面修剪舖棉縫份。返口處舖棉不修剪。請於凹陷處剪牙口，建議牙口可多剪幾處。

 →

6 由返口翻至正面，返口以藏針縫縫合，以珠針固定之後壓線。因為是小型作品，所以可以珠針固定。

7 依紙型繡法説明裝飾各部位，縫上釦子畫上腮紅。

返口

1 表布背面依紙型描繪。

2 表布＋裡布正面相對＋舖棉，使用珠針固定之後，車縫一圈（請預留返口）

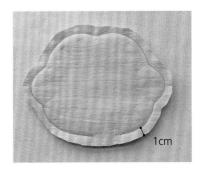

1cm

3 依紙型外加 1cm 縫份修剪。

返口

4 翻至背面，剪掉舖棉的縫份，請於凹陷處剪牙口，建議牙口可多剪幾處。返口處的舖棉不修剪。

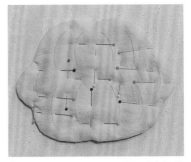

返口

5 由返口翻至正面，返口以藏針縫縫合，使用珠針固定之後壓線。

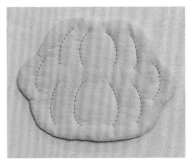

6 壓線完成圖（可如圖隨意壓線）

前片＋後片找出中心點對齊，以珠針固定後，以直針縫縫合至紙型上標示止縫處。

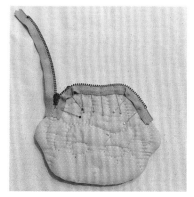

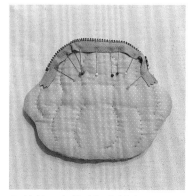

1 翻至裡布後，前片裡布與拉鍊以中心點為基準作記號，建議記號可多作幾處。以珠針固定之後，以半回針縫縫合拉鍊。

2 拉鍊再與後片裡布縫合。

3 拉鍊縫份以藏針縫處理。

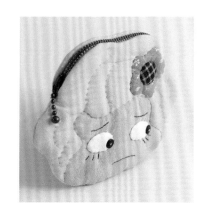

翻至正面，以直針縫縫合拉鍊與前、後片未縫合的部分，即完成作品。

## 不怕迷路的原因

許多人都說
路是問出來的。

覺得自己是路痴
也不需害怕,
但這對我不適用。

因為我是
無法
對陌生人開口問路的
路痴。

剛剛開啟鐵道之旅時,
正巧
小粘調到高雄工作,
因有他的相伴
我才能
到達離車站較遠的地方,
收集我的鐵道咖啡護照,

我的勇氣,是來自家人。

屏東南州糖廠

## 高雄車站

不到兩個月的時間，
我的鐵道護照
就更換到第二本了啊！

初夏的夜晚，
微風舒爽，
在愛河邊的
快炒店喝著啤酒，

看著波光粼粼的水面，
身體
不知不覺搖曳了起來。

濃郁的幸福感。
似乎
比烤肉串更有滋味呢…

# 緣分

璜安很厲害，

在我回到最佳狀態的時候，

傳了一句：老師，再跟我們合作出書吧！

相識10多年了，

她肯定我，

鼓勵我，

要不是有她，在幕後推我一把，

我想

現在的我，

應該還在作春秋大夢吧...

handmade bag

# 迷你廚娃與小恐龍

How to make ➔ P.32至P.35

原寸圖案 B面

# 皮革扣耳運用

在裡袋加上兩條隱藏的扣耳，
可任意變換自己想要的袋型，
手作人的製包態度，
就是可以隨心所欲的作自己。

這裡曾經
運煤載客，
如今成為步道。

可散步，
可騎腳踏車。
有花朵，
有飛鳥，
有流水，
　　還有
我的好心情。

桃林鐵道

## 迷你廚娃與小恐龍　原寸圖案・B 面

### ■材料準備
棉布
野木棉
帆布
薄鋪棉
蕾絲
問號鉤 1 組
皮革
皮革提把 2cm×36cm1 組
繡線（綠色、白色、黑色）
鉚釘

### ■裁布尺寸標示
（裁布尺寸皆已含縫份）
A：30cm×20cm
B：14cm×14cm（側身口袋）
C：14cm×14cm（側身口袋）
D：30cm×9cm
E：30cm×44cm
側身：14cm×30cm2 片
裡布（裡袋）42cm×62cm

### ■裁布尺寸示意圖

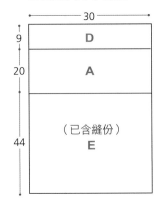

裡布〔裡袋〕
（已含縫份）

〔側身口袋各 1 片〕
（已含縫份）

側身〔2 片〕
（已含縫份）

廚娃の設計
tips

裁布尺寸示意圖皆已含縫份，拼接布片的縫份也已計算在內，因此尺寸示意圖的總和會有所差異。
我慣用的製作方法，是將袋物的袋口往裡袋摺，裡袋袋口不留縫份，因此尺寸的示意圖表袋與裡袋的高度會有所差異。

疏縫

A

**1** A 表布依紙型編號順序完成貼布縫。

**2** 裝飾各個部位。

**3** 將 A 表布背面疊上薄舖棉,以珠針固定或疏縫固定。

**4** 製作裝飾的棉布條,可利用 6mm 滾邊器加上熨斗整燙定型(棉布條往背面摺縫份約 0.3cm)布條尺寸 1.5cm×8cm,製作 4 條。

布條車縫固定之後,將多出來的長度修齊與 D 布同高度。

間距 3cm

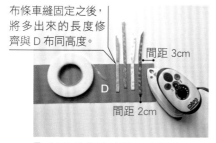

D

間距 2cm

**5** 將布條依適當位置車縫在 D 表布上,布條下端縫份請往內摺 0.7cm。★建議可利用布用雙面膠先行固定。請注意,布用雙面膠需利用熨斗整燙才可黏住。

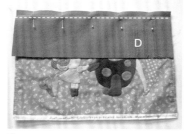

D

**6** A 布片與 D 布片正面相對車縫。

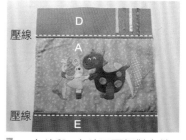

壓線

D

A

壓線

E

**7** A 布片與 E 布片正面相對車縫。

**8** D 表布與 E 表布各自車縫壓線。如圖所示於接合處間距 0.7cm 的位置)

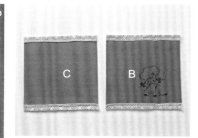

C

B

**1** B、C 布片縫份處各自使用蕾絲包邊。

側身

側身

間距 3cm

**2** 如圖 B、C 布片依適當位置疊放在側身表布上,車縫固定。

中心點

側身

袋身

1 側身底部中心點正面相對對齊袋身底部中心點，以珠針固定後，進行點到點車縫。

2 圖中點狀標示記號的表布袋身縫份處，請剪牙口。牙口請剪開約 0.7cm，剪牙口後，袋身表布才能轉彎。

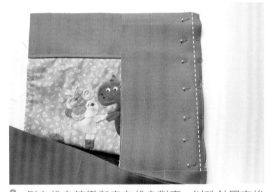

3 側身袋身轉彎與表布袋身對齊，以珠針固定後進行車縫。

4 另外一邊作法與步驟 Step.3-3 相同。

裡布 42cm×62cm 正面相對，抓底 12cm，抓底作法請參考 P.113。可依個人需求製作裡袋內的口袋。

**Step 5 皮革扣耳製作**

1 將皮革 10cm×1cm 公分 2 條穿入問號鉤、扣環,再利用工具固定,完成扣耳 2 條。

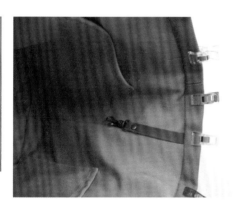

**Step 6 組合表袋與裡袋**

1 將裡袋背面相對套入表袋。

2 將皮革扣耳固定在裡袋兩邊側面中心點位置。

3 表布袋身袋口往裡袋摺 2 次後(每一褶約為 2cm),車縫一圈。

縫紉の設計 tips

固定皮革扣耳時,可使用強力夾先行固定。

**Step 7 固定提把**

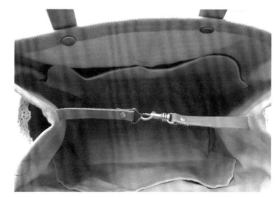

依適當位置釘上皮革提把,即完成作品。★建議提把適當位置:袋身中心點往左右 5cm 處。袋物內設計的兩條隱藏扣耳,可依需求任意變換想要的袋型。

# 想念

在鐵道旅行途中，
突然奔下了火車。

只因為
這裡是我喜愛的人，
居住的地方，
我想要
與他一起感受
這城市的美麗氛圍。

handmade bag

# 捲捲廚娃的浣熊野餐日

How to make ⊕ P.38至P.41

原寸圖案 P.120

## 捲捲廚娃的浣熊野餐日　原寸圖案・P.120

### ■材料準備

先染布
棉布
野木棉
帆布
薄舖棉
問號鉤 1 組
皮革
提把 1 組
鉚釘
繡線（白色、深咖啡色、
黑色、綠色、黃色、紅色）

### ■裁布尺寸標示

（裁布尺寸皆已含縫份）
A：24cm×17cm
D：24cm×8cm
E：24cm×45cm
側身：14cm×28cm 2 片
側身口袋：14cm×21cm 2 片
裡布：36cm×58cm

### ■裁布尺寸示意圖

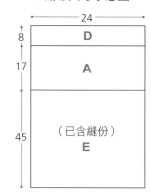

D
A
（已含縫份）
E
24
8
17
45

側身
〔2 片〕
（已含縫份）
14
28

側身口袋
〔2 片〕
（已含縫份）
14
21

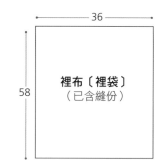

裡布〔裡袋〕
（已含縫份）
36
58

廚娃の設計
tips

裁布尺寸示意圖皆已含縫份，拼接布片的縫份也已計算在
內，因此尺寸示意圖的總和會有所差異。
我慣用的製作方法，是將袋物的袋口往裡袋摺，裡袋袋口不
留縫份，因此尺寸的示意圖表袋與裡袋的高度會有所差異。

## ■繡法配置說明

**嘴巴**
輪廓繡（黑色 1 股線）

**鼻子**
黑色壓克力顏料，乾了之
後再點上白色壓克力顏料。

**眼睛**
白色壓克力顏料。
乾了之後再塗上黑色。

**耳朵白色部分**
使用白色壓克力
顏料乾刷

**髮絲**
回針縫（白色 1 股線）

**眼睛**
先畫上黑色壓克力顏
料，待乾，再點上白
色壓克力顏料。

**回針縫**
（黑色 1 股線）

**睫毛**
直針縫
（黑色 1 股線）

**鼻子**
回針縫
（深咖啡色 2 股線）

**葉子**
雛菊繡
（綠色 3 股線
+
黃色 1 股線
共 4 股線）

**蘋果梗**
輪廓繡（綠色 2 股線）

**輪廓繡**
（深咖啡色 1 股線）

**嘴巴**
直針縫 2 次
（紅色 3 股線）

**爪子**
直針縫
（黑色 2 股線）

**眉毛**
回針縫
（黑色 1 股線）

**草莓籽**
直針縫
（深咖啡色 2 股線）

**草莓葉子**
直針縫 2 次
（黃色 3 股線 +
綠色 1 股線 共 4 股線）

**尾巴**
白色壓克力顏料

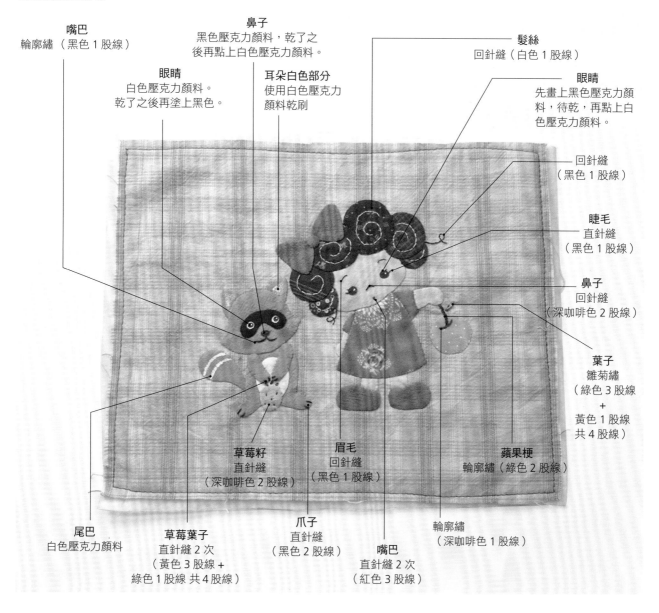

39

1 A 表布依紙型編號順序完成貼布縫。

2 裝飾各個部位。

3 將 A 表布背面疊上薄舖棉，以珠針固定或疏縫固定。

4 裁剪棉布條 1.5cm×15cm，製作 12 條。在 A 布片上車縫裝飾棉布條 3 條。

5 將 A 布片與 D 車縫拼接，並在接合處間距 0.7cm 處壓線。

6 將裝飾的棉布條車縫固定於 A、D 表布上。

7 A 布片與 E 布片車縫拼接。在接合處間距 0.7cm 處壓線。

廚娃の設計 tips

布條可利用6mm滾邊器，以熨斗整燙定型。布條縫份請往背面摺0.3cm。

 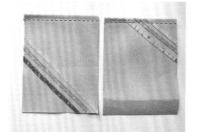 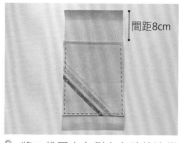

間距8cm

1 兩邊側身各自車縫固定棉布條。

2 側身袋口縫份往背面摺 2 次，每一褶為 1.5cm，車縫固定。

3 將口袋固定在側身布片的適當位置，車縫固定，袋底縫份請先往背面摺 1.5cm 再車縫。
★建議口袋適當位置：與袋口間距 8cm。

**袋身作法**

★袋身作法與 P.28《迷你廚娃與小恐龍》相同，請參考 P.34 Step.3 至 Step.7。請注意，此款袋物裡袋的皮革尺寸更改為 9x1.5cm。

手作啡常日記

# 幸運

創作
對我而言，
是想證明
自己的存在價值。

15年的歲月啊！
讓一位家庭主婦
成為外婆，

而我
還能自由自在的
動腦又動手，
一如初心，
以手作的溫度，
傳遞幸福的力量。

handmade bag

# 紫色廚娃
# 與她的幸運松鼠

How to make ➔ P.46至P.49

原寸圖案 A面

# 自製
# 創意提把

長度不夠的皮革，特意將深色及淺色的皮革組合在一起，
沉穩的深色，加上朝氣的淺色，
非常適合搭配各式側背包。
將袋子上的皮革扣耳橫放，
是為了更容易製作，也是想讓帆布包擁有好氣色。

不過是
在住家附近散步，
還特地
請老粘幫我照相。

只是想著
留下今日的照片，
年老時，
才能有跡可尋
曾經有過的
美麗時光。

## 紫色廚娃與她的幸運松鼠　原寸圖案・A面

■材料準備
棉布
野木棉
帆布
先染布
薄舖棉
皮革扣耳
皮繩
背帶 1 組
繡線（黑色、咖啡色、
深咖啡色、紅色）
鉚釘

■裁布尺寸標示
（裁布尺寸皆已含縫份）
A：21cm×12cm
B：7cm×16cm
C：7cm×16cm
D：31cm×10cm
E：31cm×46cm
F：21cm×6cm
口布：30cm×7cm 2 片
裡袋：31cm×68cm

■裁布尺寸示意圖

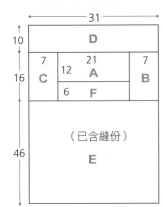

裡布〔裡袋〕
（已含縫份）

廚娃の設計 tips

裁布尺寸示意圖皆已含縫份，拼接布片
的縫份也已計算在內，因此尺寸示意圖
的總和會有所差異。

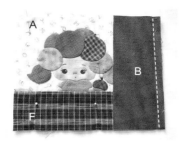

間距0.7cm

1 A 表布依紙型編號順序完成貼布縫至編號 7，與 F 表布拼接縫合後，再繼續未完成貼布縫的圖案。

2 裝飾各個部位。

3 表布背面疊上薄舖棉，以珠針固定或疏縫固定。

4 如圖與 B 布片縫合。

5 如圖與 C 布片縫合。

6 在 B、C 表布上以間距 0.7cm 壓線。

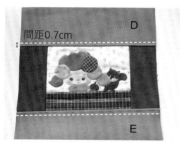

間距0.7cm

中心點

7 與 D 布片縫合。

8 與 E 布片縫合。

9 布片背面疊放薄舖棉再以間距 0.7cm 各自壓線。

10 裁剪口布 7cm×30cm2 片，左右兩端縫份往背面摺 2 次（每一褶約為 1cm），車縫壓線。

11 將口布背面相對對摺後，再將中心點對齊合表布袋口的中心點，車縫固定。另外一片相同作法，對齊表布袋身背面中心點。

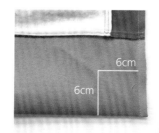

6cm

6cm

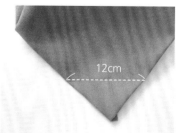

12cm

12 如圖將袋身正面相對對摺，車縫左右兩邊。

13 將袋底畫出 6cm 正方記號。

14 車縫 12cm 三角底。抓底作法請參考 P.113。

**Step 2 製作裡袋口袋**

1 將袋口往背面摺 2 次（每一褶約為 1cm），車縫壓線。口袋尺寸：16×31cm。

2 口袋下方縫份往背面摺 0.7cm，並於裡袋適當位置車縫固定。
★建議口袋適當位置：固定於口袋袋底與袋身中心點間距 7cm 的位置。

3 口袋中心點車縫壓線。

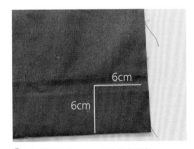

**Step 3 製作裡袋**

1 袋身正面相對對摺，車縫左右兩邊。請在其中一邊預留返口。

2 如圖畫出 6cm 正方記號。

3 車縫 12cm 三角底。

**Step 4 組合表袋袋與裡袋**

1 將表袋身套入裡袋身正面相對。

2 袋口車縫一圈。

3 將表袋身由裡袋返口處翻至正面。

4 返口處車縫固定。

1 裁剪皮革扣耳 0.7x5cm2 條。
利用工具將皮革扣耳左右兩端
打出洞孔。

1 翻至正面,將表袋袋身的袋口處壓縫一圈。
2 利用工具將皮革扣耳固定於袋身兩側。
3 準備皮繩 75cm 2 條,將袋口穿入皮繩,皮繩
尾端再作打結。

4 裝上背帶即完成作品。

手作啡常日記

# 儀式感

我在旅行中，
找到的儀式感，
就是
把美食記錄下來，
不知不覺，
我的拍照技術
似乎
也跟著進步不少呢！

台北，捷運中山站

## 台北，捷運中山站

在熱鬧的城市，
想喝杯咖啡，
是件簡單的事。
捷運站，轉個彎，
身處
鬧中取靜的二樓餐館，
心與身，都得到滿足。

51

# 天意

2022年3月中，
我開始
練習一個人鐵道旅行。
正巧
小粘被外派到南部工作，
於是我的旅行，
也形成探親之旅。

我從
桃園遠赴高雄，
聽聽
他在工作上的苦與樂，
再一起享用美食，
充飽電之後，
我們
再各自面對，
不可預測的人生課題。

# 花椰菜廚娃
# 與寵兒羊駝

How to make ➔ P.55至P.59

原寸圖案 A面

我經常
在自家附近散步。

想走遠一點的時候，
就會帶著
茶水與餅乾。

走累了
就坐下來，歇歇腳，

不疾，不徐。
感受人生好風景。

## 花椰菜廚娃與寵兒羊駝

原寸圖案 ・A 面

### ■ 材料準備

棉布
野木棉
帆布
薄舖棉
蕾絲
皮革扣耳
扣繩
釦子
鉚釘
背帶 1 組
繡線（黑色、深咖啡色、
深綠色、淺綠色、紅色）
人字織帶

### ■ 裁布尺寸標示

（裁布尺寸皆已含縫份）
A：22cm×17cm
B：5cm×22cm
C：5cm×22cm
D：22cm×22cm
E：28cm×34cm
裡袋：28cm×50cm
A 口袋裡布：22cmx17cm

### ■ 裁布尺寸示意圖

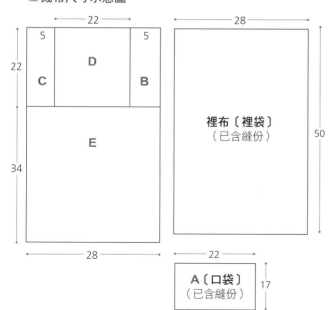

廚娃の設計
tips

裁布尺寸示意圖皆已含縫份，拼接布片的
縫份也已計算在內，因此尺寸示意圖的總
和會有所差異。
我慣用的製作方法，是將袋物的袋口往裡
袋摺，裡袋袋口不留縫份，因此尺寸的示
意圖表袋與裡袋的高度會有所差異。

1　A 表布依紙型編號順序完成貼布縫。

2　依紙型標示裝飾各個部位。

3　將 A 表布背面疊上薄舖棉，以珠針固定或疏縫固定。再裁切所需的尺寸。

廚娃の設計
tips

底布請依紙型預留縫份，我的慣用方式是貼布底布預留2cm。

4　裁剪包邊布條 3.5cm×23cm。以滾邊器與熨斗整燙，完成包邊布條。

5　將包邊布條沿著 A 表布正面袋口處車縫。

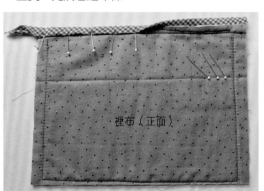

6　將包邊布條往裡布摺 2 次後，以藏針縫縫合，再修齊包邊布條。

7　將 A 表布疊放在 D 表布上，車縫固定。

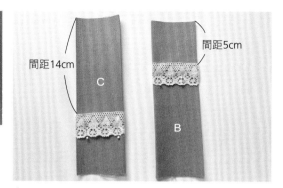

間距14cm　間距5cm

C　B

1 將蕾絲車縫固定於 B、C 表布。

D

C　口袋　B

2 口袋袋身左右兩邊與 B、C 車縫,並壓線完成。
（接合處間距 0.7cm 的位置）

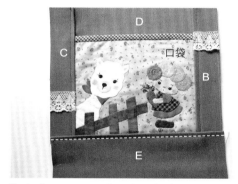

D

C　口袋　B

E

3 完成 **Step. 2-2** 後,與 E 車縫並壓線完成。（接合處間距 0.7cm 的位置）

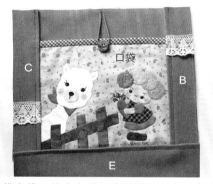

口袋

C　B

E

4 在袋身袋口的中心點固定扣耳,並在口袋的中心點縫上釦子。扣耳長度:14cm。

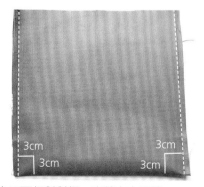

3cm　3cm
3cm　3cm

5 袋身正面相對對摺,車縫左右兩邊。
6 袋底畫出 3cm 正方形記號。

7 車縫 6cm 三角底。抓底作法請參考 P.113。

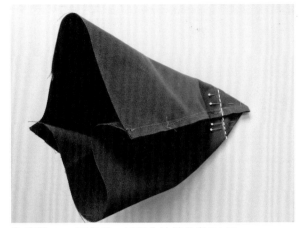

1　袋身正面相對對摺。車縫左右兩邊。
2　袋底畫出 3cm 正方形記號。

3　車縫 6cm 三角底。抓底作法請參考 P.113。

1　表袋身袋口以人字織帶進行包邊一圈。
2　裡袋身套入表袋身（背面相對）。以珠針固定一圈。

3　表袋身袋口往裡袋摺入 2cm，蓋住裡袋縫份後，車縫一圈，將袋身翻至正面。
★建議可先以強力夾先固定一圈再進行車縫。

1　裁剪皮革扣耳 0.7×4cm 2 條，利用工具
　　將皮革扣耳左右兩端打出洞孔。

2　利用工具將皮革扣耳釘在適當的位置。

3　裝上背帶即完成作品。

# 旅行的樂趣

一個人，
很自在。
倆個人相伴，
更勇敢。
三個人一起，
瘋狂又熱鬧。

旅行時，
遇到對的人，
即使
只是在公園散步，
也是一片好風景。

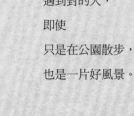

*handmade bag*

# 小蜜蜂的旅行對話

How to make ⊖ P.64至P.67

原寸圖案 P.121

## 混搭風
## 布片拼接

我以
棉布+先染布+棉麻布,
三種布料的混搭,
完成了這個可愛包包,
搭配的效果超好。

*

我在
屏東
火車站外的公車站。

簡潔的白色建築，
是我喜愛的風格。

坐在這裡歇腳，
當個假文青吧！

63

## 小蜜蜂的旅行對話　原寸圖案・P.121

### ■材料準備
先染布
棉布
野木棉
棉麻布
薄舖棉
鉚釘
繡線
（黑色、深咖啡色、
紅色、白色）
皮革提把

### ■裁布尺寸標示
（裁布尺寸皆已含縫份）
A：17cm×19cm
C：8cm×20cm
D：17cm×17cm
方塊棉布：5cm×5cm 5 片
後片：23cm×20cm
側身：12cm×20cm 2 片
底布：23cm×12cm
A 口袋裡布：17cm×16cm
裡袋：33cm×48cm
滾邊條：3.5cmx67cm

### ■裁布尺寸示意圖

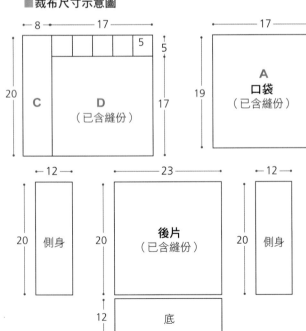

廚娃の設計 tips

裁布尺寸示意圖皆已含縫份，拼接布片的縫份也已
計算在內，因此尺寸示意圖的總和會有所差異。

A（口袋）

1 A 表布依紙型編號順序完成貼布縫。
2 依紙型標示裝飾各個部位。

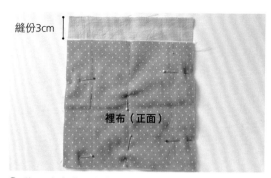

縫份3cm

裡布（正面）

3 將 A 表布背面相對疊上薄舖棉 + 裡布，以珠針固定或疏縫固定。請注意，袋口表布縫份為 3cm，袋口裡布與薄舖棉則不留縫份。

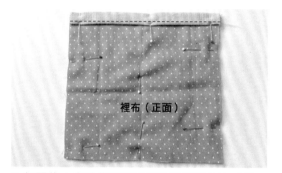

裡布（正面）

4 如圖將 A 布片袋口的縫份往裡布摺 2 次（每一褶約為 1.5cm），車縫壓線。

5 縫合方形布片。

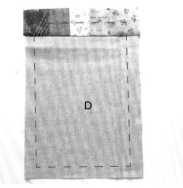

D

6 縫合完成的方形布片與 D 布片縫合。
7 背面疊上薄舖棉，疏縫一圈。

A（口袋）

C

8 口袋疊放在 D 表布上，疏縫固定。
9 C 布背面疊上薄舖棉，如圖縫合。

**Step 2 製作袋身**

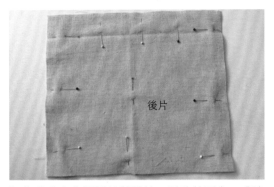

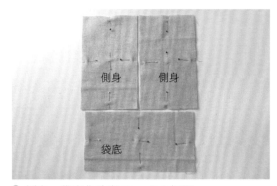

**1** 後片表布背面疊放薄舖棉，以珠針固定。或疏縫固定

**2** 側身、袋底作法與 **Step. 2-1** 相同。

**3** 袋底與前片點到點車縫拼接。請勿超出縫份，若超出縫份會導致無法轉彎與側身接合。

**4** 袋底再與後片點到點車縫拼接。

**5** 側身與前片縫合拼接，袋底車縫至點即可，請勿車縫超過縫份。

**6** 側身底部轉彎與袋身底對齊車縫，一樣是車縫到點的方式。

**7** 側身再轉彎對齊後片車縫。

**8** 另一片側身作法與 **Step. 2-5** 至 **Step. 2-7** 相同。

66

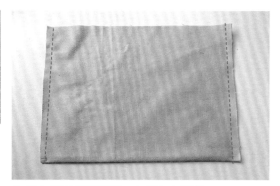

1 袋身正面相對對摺。車縫左右兩邊。

2 車縫 10cm 三角底。抓底作法請參考 P.113。

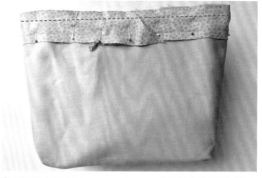

1 裡袋身背面相對套入表袋身。以珠針固定袋口一圈。

2 裁剪滾邊條 3.5cm×67cm，以滾邊條固定袋身袋口，車縫一圈。

3 袋身翻至正面，將滾邊條往表布袋身摺 2 次後，車縫壓線一圈。

依適當位置釘上提把即完成作品。

★建議提把適當位置：袋身中心點往左右 4.5cm 處。

# 遇見自己

生活中
總有許多燒心的事。

闖過了
一關又一關之後，
很幸運地，
在對的時間與自己相遇。

出走去旅行，
出走學畫畫，

我
還想要出走：
跳芭蕾。

handmade bag

# 小犀牛的華麗冒險

How to make ➔ P.70至P.71

原寸圖案 P.122

### 小犀牛的華麗冒險　原寸圖案・P.122

**■材料準備**
先染布
棉布
野木棉
棉麻布
薄舖棉
鉚釘
繡線（黑色、深咖啡色、
紅色、咖啡色）
皮革提把

**■裁布尺寸標示**
（裁布尺寸皆已含縫份）
A：17cm×17cm
C：8cm×17cm
方塊棉布：5cm×5cm7 片
後片：23cm×20cm
側身：12cm×20cm 2 片
底布：23cm×12cm
裡袋：33cm×48cm
滾邊條：3.5cmx67cm

**■裁布尺寸示意圖**

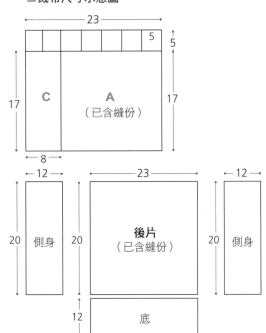

廚娃の設計 tips

裁布尺寸示意圖皆已含縫份，拼接布片的縫份也已
計算在內，因此尺寸示意圖的總和會有所差異。

**1** A 表布依紙型編號順序完成貼布縫。
**2** 依紙型標示裝飾各個部位。

**3** A 布片與 C 布片車縫拼接。

**4** 拼接縫合 7 片方塊棉布。

**5** 將方塊布與 A、C 車縫拼接。
**6** 背面疊放薄舖棉，並以珠針固定或疏縫固定。
**7** 後續作法請參考《小蜜蜂的旅行對話》Step. **2** 至 Step. **5**。

★作法與 P.60《小蜜蜂的旅行
　對話》相同，請參考 P.66。

71

# 重要的配角

好友
知道了
我即將出書的計畫，
二話不說，
提供她手邊所有皮革，
作為我的材料。

在創作過程中，
因為有了這些皮革，
讓我
能恣意奔放的運用。

畫龍點睛的背帶設計，
不僅提升
袋物的精，氣，神，
也振奮了我的士氣。

handmade bag

# 獅子的加油拔河

How to make ➔ P.74至P.77

原寸圖案 P.123

## 獅子的加油拔河　原寸圖案・P.123

### ■材料準備

棉布
帆布
先染布
野木棉
薄舖棉
皮革扣耳
人字織帶
皮繩 68cm 2 條
背帶 1 組
繡線
（黑色、深咖啡色、
紅色、綠色）
鉚釘

### ■裁布尺寸標示

（裁布尺寸皆已含縫份）
A：22cm×20cm
A1：22cm×20cm
B：8cm×20cm
B1：8cm×20cm
C：8cm×20cm
C1：8cm×20cm
E：34cm×20cm
裡袋口袋 34cm×16 cm
裡袋：34 cm×56 cm

### ■裁布尺寸示意圖

裡布〔裡袋〕
（已含縫份）

裡袋口袋
（已含縫份）

廚娃の設計 tips

裁布尺寸示意圖皆已含縫份，拼接
布片的縫份也已計算在內，因此尺
寸示意圖的總和會有所差異。

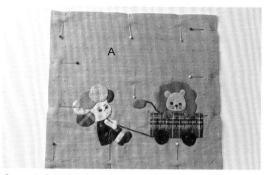

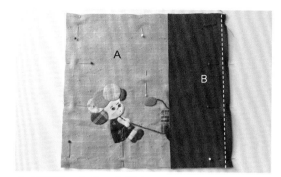

1 A 表布依紙型編號順序完成貼布縫。
2 依紙型標示裝飾各個部位。
3 表布背面疊上薄舖棉，以珠針固定或疏縫固定。

4 如圖將 A 布與 B 布縫合。

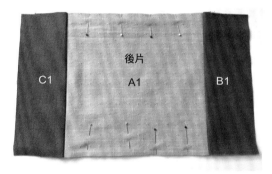

5 如圖將 A 布與 C 布縫合。

6 後片作法與前片相同，僅後片不需進行貼布縫。

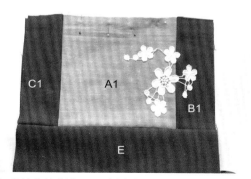
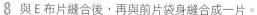

7 蕾絲依適當位置固定於後片。
8 與 E 布片縫合後，再與前片袋身縫合成一片。

9 袋身正面相對對摺，縫合左右兩邊。

**10** 車縫三角底。抓底 12cm，抓底作法請參考 P.113。

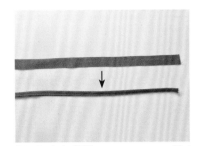

**11** 取人字織帶 2cm×72cm，將人字織帶對摺並車縫壓線。依每 6cm 裁剪成 12 條小布條。

**12** 完成人字織帶 6cm 12 條，對摺後，依適當位置固定於袋口。

Step **2** 製作裡袋口袋

**1** 利用人字織帶完成袋口滾邊。

**2** 口袋袋底縫份往背面摺 0.7cm，再依適當位置車縫固定於裡袋袋身。口袋中心點如圖車縫壓線。

★建議口袋適當位置：口袋袋底與袋身中心點間距 7cm 的位置。

**3** 將裡袋袋身正面相對對摺，車縫左右兩邊。其中一邊請留返口。

**4** 車縫 12 cm 三角底，抓底作法請參考 P.113。

——返口

1 將裡袋身套入表袋身（正面相對）。

2 裡袋與表袋對齊，袋口車縫一圈。

3 將表袋身由裡袋返口處翻至正面。

4 返口處車縫固定。

5 翻至正面後，再將袋身袋口車縫壓線一圈。

1 裁剪皮革 0.7×5cm 2 條，利用工具將皮革左右兩端打出洞孔。

2 將皮革扣耳利用工具固定於袋身兩側。

3 袋口處人字織帶扣耳穿入皮繩，尾端打結。
　皮繩尺寸：68cm，請準備 2 條。

4 裝上背帶即完成作品。

手作啡常日記

## 那些 寫在風景裡的故事

三五好友，歡樂的結伴，
來到了這兒。
我在這個窗口，
裝模作樣了好久。

我愛小車站，
更愛木製小車站，
香山、談文、大山、日南、追分、
保安、後壁、林鳳營…
我在
這些百年歷史的車站，
駐足，喝咖啡。

小車站附近
哪有什麼地方可以喝咖啡呢？
我想到的妙方，就是自備罐裝咖啡（笑）
這樣一來
就能解決找不到咖啡的囧境，
我是不是很聰明呢?!

台南，林鳳營。

宜蘭，大里。

不用出站，
就能夠與大海相望，
喜歡海浪的拍打聲，
喜歡藍藍大海，
參雜著白色的波浪。

這次
我帶著老粘一起來，
他是我的隨行攝影師，
不過
這位攝影師很兩光，

技術指導了好幾回，
他才能夠進入狀況 ...
但也幫我
記錄下了
這些有故事的風景。

手作啡常日記

# 漁光島

我在鐵道之旅
收集到了
一個
擁有美麗名字的景點，
漁光島。

美麗的沙灘，
美麗的夕陽，
美麗的人群，
美麗的朋友，

後來才知道，
因為心情美麗，
所以，
眼中的一切，都美麗。

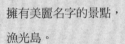

handmade bag

# 小天使廚娃
# 與狐狸的祕密花園

How to make ➔ P.84至P.87

原寸圖案　A面

How to make ➔ P.84至P.87

夕陽下的漁光島

# 皮帶 再生利用

將皮革腰帶原封不動的對切，
放到袋物上，成為提把，讓原本要被淘汰的腰帶，
重啟了新生命，回收舊物之前，
預想它的可能性，也是一件好玩的事喔！

旅行中，
我與我的老友
在一起。

我們
從高中時期
就認識了呀！

謝謝妳載著我，
穿過台南的大街小巷。
謝謝妳帶著我，
品嚐在地美食。

謝謝妳，
捕捉到最真的我。

## 小天使廚娃與狐狸的祕密花園　原寸圖案・A面

### ■材料準備

先染布
棉布
網狀布
野木棉
帆布
薄舖棉
蕾絲
厚布襯
愛心裝飾釦
皮革提把 1 組
釦子
繡線（黑色、深咖啡色、黃色）
鉚釘

### ■裁布尺寸標示

（裁布尺寸皆已含縫份）
A：30cm×18cm
D：30cm×60cm
A 口袋裡布：30cm×14cm
裡布（裡袋）40cm×56cm
側身：12cm×27cm 2 片
網狀布：40cm×17cm

### ■裁布尺寸示意圖

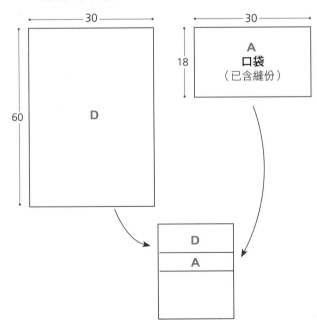

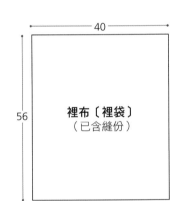

廚娃の設計 tips

我慣用的製作方法，是將袋物的袋口往裡袋摺，裡袋袋口不留縫份，因此尺寸的示意圖表袋與裡袋的高度會有所差異。

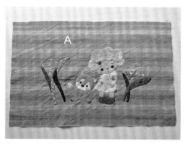

1 A 表布依紙型編號順序完成貼布縫。
2 依紙型標示裝飾各個部位。

△裡布（正面）

3 將 A 表布背面相對疊上薄舖棉＋裡布，以珠針固定或疏縫固定。袋口與袋底的縫份各為 2cm。★請注意上下兩端的裡布舖棉不留縫份。

裡布（正面）

4 將 A 布片上、下端袋口與袋底的縫份往裡布摺 2 次（每一褶為 1cm），以藏針縫固定。

5 將蕾絲對摺車縫固定於袋口處，再修齊蕾絲。

6 利用 6mm 滾邊器製作裝飾布條，並以熨斗整燙定型，布條尺寸 1.5cm×20 cm，製作 6 條，長度可依需要修剪。
★裝飾布條可依個人喜好決定數量及尺寸。

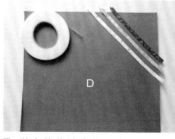

D

7 將布條依適當位置車縫在 D 表布上，D 表布前片、後片皆以相同作法製作。
★建議可利用布用雙面膠先行固定。請注意，布用雙面膠需利用熨斗整燙才可黏住。

D
口袋

8 將口袋依適當位置車縫固定於 D 布。
★建議口袋適當位置：D 布袋底中心點往上 7cm 處。

口袋

9 在口袋袋口中心點縫上釦子。

蔚娃の設計
tips

釦子的中心點要穿過 D 布背面，口袋放置物品才能更加平整。

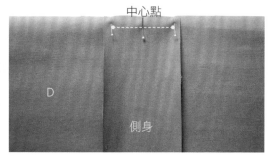

中心點

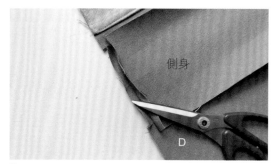

側身

1 將側身表布的中心點,對齊 D 布的中心點,正面相對點到點車縫固定。請注意,車縫請勿超過縫份。

2 D 布片車縫到點的位置,請裁剪 0.7cm 牙口。

3 將側身布片轉彎後,與 D 布片袋口對齊車縫拼接。
4 另一側與 Step. 2-3 作法相同。
5 左邊側身作法與步驟 Step. 2-1 至 Step. 2-4 相同。

6 完成袋身後,袋口以蕾絲滾邊一圈。

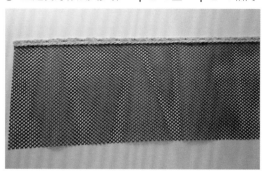

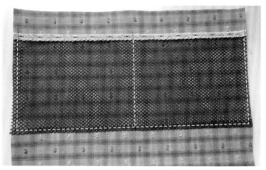

1 裁剪網狀布片 40cm×17cm 後,以蕾絲包邊。

2 網狀布片依適當位置於裡袋布車縫固定,中心點再進行車壓。網狀布袋底縫份請先往背面摺 0.7cm 再進行車縫。★裡袋布請先與厚布襯黏合。
★建議口袋適當位置:固定於口袋袋底與袋身中心點間距 7cm 的位置。

裡布 40cm×56cm 正面相對車縫，抓底 10cm，抓底作法請參考 P.113。

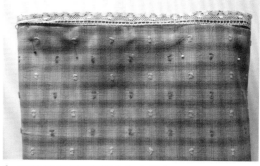

1 將裡袋身背面相對套入表袋身。

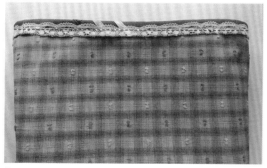

2 將表袋袋口往裡袋摺入 2cm，遮住裡袋縫份。車縫一圈，並將袋身翻至正面。

依適當位置釘上皮革提把，即完成作品。
★建議提把適當位置：袋身中心點往左右 5cm 處。

# 關於咖啡的浪漫

我喝不出
咖啡的好與壞。

咖啡，對我而言，
是一種浪漫，是一種幸福。

還記得，
龔媽和小粘，
還很小的時候，
每到晚上9點，
我就趕著他們入睡，

然後，
喝上一杯
三合一咖啡，
就是我的幸福時刻。

handmade bag

# 小小蘇的快樂時光

How to make ➔ P.90至P.93

原寸圖案 P.124

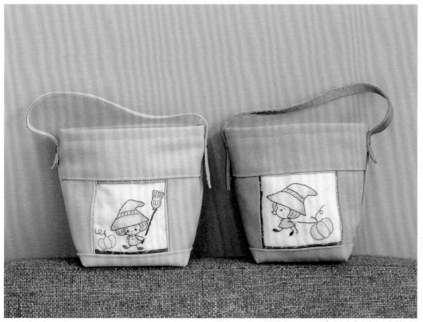

本系列作品繡法及顏色請參考 P.91 說明，兩件作品可延伸運用。

### ■裁布尺寸示意圖

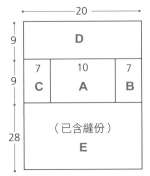

## 小小蘇的快樂時光

原寸圖案・P.124

### ■材料準備

棉布
野木棉
帆布
薄舖棉
皮革提把 1 組
鉚釘
繡線（黑色、深咖啡色、
酒紅色、淺綠色、綠色、紫色、
膚色、橘色）
油性色鉛筆

### ■裁布尺寸標示

（裁布尺寸皆已含縫份）

A：10cm×9cm
B：7cm×9cm
C：7cm×9cm
D：20cm×9cm
E：20cm×28cm
裡布：20cm×35cm

**廚娃の設計 tips**

裁布尺寸示意圖皆已含縫份，拼接布片的縫份也已計算在內，因此尺寸示意圖的總和會有所差異。
我慣用的製作方法，是將袋物的袋口往裡袋摺，裡袋袋口不留縫份，因此尺寸的示意圖表袋與裡袋的高度會有所差異。

■繡法配置說明　★完成刺繡後，請以油性彩色鉛筆上色。

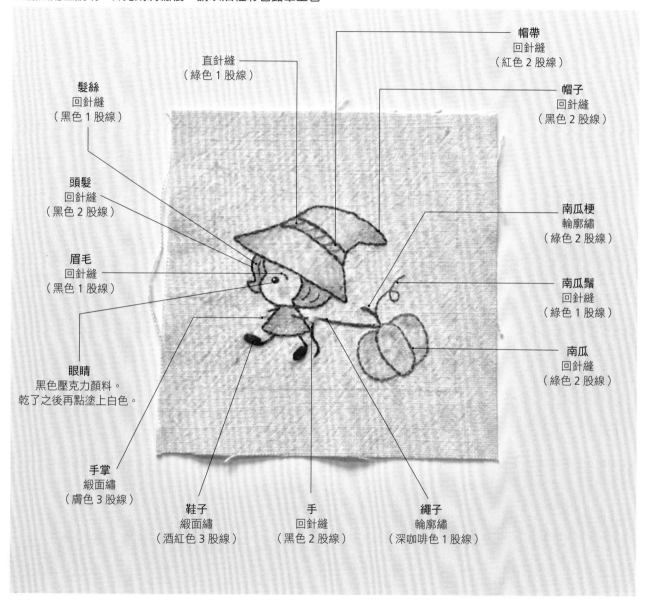

帽帶
回針縫
（紅色 2 股線）

直針縫
（綠色 1 股線）

帽子
回針縫
（黑色 2 股線）

髮絲
回針縫
（黑色 1 股線）

頭髮
回針縫
（黑色 2 股線）

南瓜梗
輪廓繡
（綠色 2 股線）

眉毛
回針縫
（黑色 1 股線）

南瓜鬚
回針縫
（綠色 1 股線）

南瓜
回針縫
（綠色 2 股線）

眼睛
黑色壓克力顏料。
乾了之後再點塗上白色。

手掌
緞面繡
（膚色 3 股線）

鞋子
緞面繡
（酒紅色 3 股線）

手
回針縫
（黑色 2 股線）

繩子
輪廓繡
（深咖啡色 1 股線）

1 使用描圖燈箱或布用轉印紙,將圖案描繪於 A 表布。
2 完成各部位的刺繡。
3 使用油性色鉛筆將圖案上色。

分別將 4 條 2.5cm×10cm 的布條(已含縫份)對摺,並以熨斗整燙。布條可依製作需要再自行裁剪。

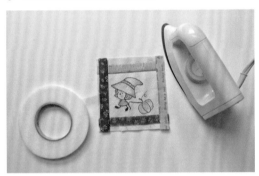

1 將布條依適當位置排列在 A 表布四周。
★建議可利用布用雙面膠先行固定或疏縫固定。請注意,布用雙面膠需利用熨斗整燙才可黏住。
2 將 A 表布背面相對疊上薄舖棉,建議可以珠針固定四周。
★裝飾布條適當位置:請先在 A 表布標示 7.4cm×6.4cm 的方形,再將裝飾布條依方形標示疊放於周圍,請先疊放上下端再疊放左右端。

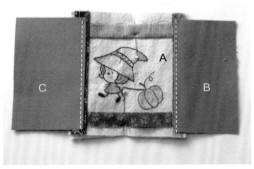

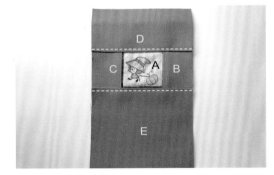

1 將 B 表布左邊縫份往內 1cm 後,疊放在 A 表布的布條上間距 0.3cm 的位置,車縫壓線。
2 將 C 表布右邊縫份往內摺 1cm 後,疊放在 A 表布的布條上間距 0.3cm 的位置,車縫壓線。
3 再與 D、E 車縫。作法與 **Step. 4 -1** 相同。★建議縫份可多預留一些,有利於修剪。

1 袋身正面相對車縫左右兩側。
2 抓底 8cm，車縫三角底，抓底作法請參考 P.113。

1 裡布 20cm×35cm 正面相對車縫左右兩側。

2 車縫 8cm 三角底，抓底作法請參考 P.113。

1 將表袋身背面相對套入裡袋身。
2 將表袋袋口縫份往裡袋摺入 2 次（每一褶為 2cm），以強力夾固定後，車縫一圈。

依適當位置釘上皮革提把，即完成作品。
★皮革提把尺寸：34×1.5cm

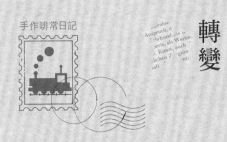
手作啡常日記

# 轉變

在老友的
鼓勵之下，
怕生，又是路痴的我，
在2022年3月15日，
獨自一人搭上區間車，
開啟了
在全台鐵道站喝咖啡的夢想清單。

轉變之後的自己，
開始明白：

作不來困難的事，
就放過自己。
手作之路，
只走直線，不轉彎，也可以。

車縫的時候，
一條、兩條、三條，
管它有幾條，
我們，開心最重要。

handmade bag

# 魔髮廚娃的開心廚房

How to make ➔ P.98至P.100

原寸圖案　B面

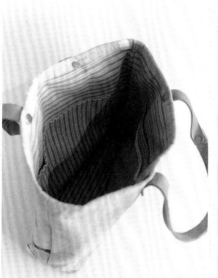

## 皮革
## 再生利用

這本書上，
包包的提把
大多都是我
使用整張皮革
再以美工刀進行裁切，
改造而成的。

因為皮革有大有小
顏色有深有淺，
原本是朋友想要製作皮包用，
所以上面有些小洞洞，
長度也不夠製成提把，
可我不想浪費了皮革，

小洞洞不閃過，
長度則利用鉚釘接合
意外地，
讓小小的不完美，
造就了
這本書作品裡的美麗。

在創作的路上，
走了 15 年。
這期間
遇到了許多重要的人，
總是稱讚我：妳是最棒的。
總是鼓勵我：不要放棄！
謝謝你們，
我的幕後推手。

**■裁布尺寸示意圖**

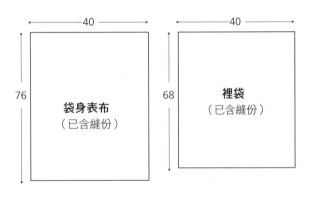

## 魔髮廚娃的開心廚房

原寸圖案・B面

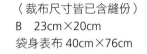

**■材料準備**

先染布
棉布
野木棉
麻布
薄舖棉
蕾絲
厚布襯
皮革提把 1 組
鉚釘
繡線（黑色、深咖啡色、
紅色、白色、深綠色、
綠色、黃色）

**■裁布尺寸標示**

（裁布尺寸皆已含縫份）
B　23cm×20cm
袋身表布 40cm×76cm
棉布條：31cm×3cm 4 條
方形棉布片：4.5cm×4.5cm 4 片
裡袋：40cm×68cm

廚娃の設計
tips

我慣用的製作方法，是將袋物的袋口往裡袋摺，裡袋袋口不留縫份，因此尺寸的示意圖表袋與裡袋的高度會有所差異。

# How to make

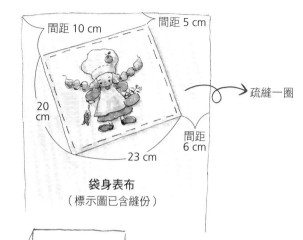

**Step 1**
表布裝飾

B 表布

20 cm

23 cm

（標示圖已含縫份）

間距 10 cm　　間距 5 cm

20 cm

23 cm

疏縫一圈

間距 6 cm

**袋身表布**
（標示圖已含縫份）

1 B 表布依紙型編號順序完成貼布縫。
2 依紙型標示裝飾各個部位。

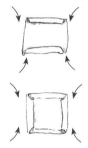

76 cm

**袋身表布**
（標示圖已含縫份）

40 cm

3 將 B 表布依標示位置放置於袋身表布，疏縫固定。

B 表布

袋身表布

**製作裝飾布條**

裁剪棉布條 31 cm×3 cm 4 條，將布條上下兩端往內摺 0.7cm 以熨斗整燙。

4 將裝飾布條疊放在 B 表布的周圍，依標示位置與編號順序車縫壓線。
5 將裝飾方形布片如圖位置車縫壓線。
6 將蕾絲如圖位置車縫壓線。
　蕾絲尺寸：28 cm×2 cm

**製作裝飾布片**

裁剪布片 4.5 cm×4.5 cm，上下兩端往內摺 0.7cm，使用熨斗整燙。再左右兩端往內摺 0.7cm，使用熨斗整燙即完成方形布片。

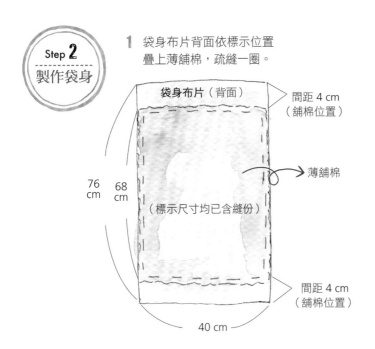

**Step 2**
製作袋身

1 袋身布片背面依標示位置
疊上薄舖棉，疏縫一圈。

袋身布片（背面）

間距 4 cm
（舖棉位置）

薄舖棉

76 cm  68 cm

（標示尺寸均已含縫份）

間距 4 cm
（舖棉位置）

40 cm

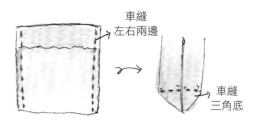

車縫
左右兩邊

車縫
三角底

2 袋身正面相對對摺。左右兩邊車縫固定。
3 車縫三角底，抓底 10cm，抓底作法請參
考 P.113。

**Step 3**
製作裡袋

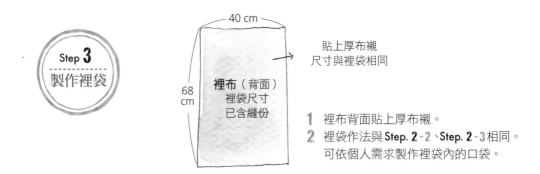

40 cm

貼上厚布襯
尺寸與裡袋相同

68 cm

裡布（背面）
裡袋尺寸
已含縫份

1 裡布背面貼上厚布襯。
2 裡袋作法與 **Step. 2** -**2** 、**Step. 2** -**3** 相同。
可依個人需求製作裡袋內的口袋。

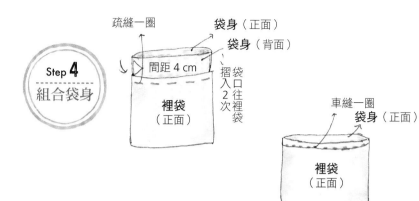

**Step 4**
**組合袋身**

疏縫一圈

袋身（正面）

袋身（背面）

間距 4 cm

裡袋
（正面）

摺入2次
袋口往裡袋

車縫一圈

袋身（正面）

裡袋
（正面）

1　將裡袋身背面相對套入表袋身。
　在袋口間距 4cm 位置，疏縫一
　圈固定。

2　將表袋身袋口往裡袋摺入 2 次
　（每一褶為 2cm），車縫一圈。

**Step 5**
**固定提把**

將袋身翻至正面，依適當位置以
工具釘上皮革提把，即完成作品。
★建議提把適當位置：袋身中心點
往左右 5cm 處。

提把適當位置：
袋身中心點往左右 5cm 處。

5cm　中心點　5cm

袋身（正面）

# 手作的表情

喜歡
在夜深人靜時，
東摸摸、西摸摸，
越夜越清醒，
筆下的人物
一個一個孕育而生。

人生旅程，
時晴時雨，
是笑開了嘴?
或是愁眉不展?

只有自己經歷過，
才能明白
箇中的酸甜滋味。

handmade bag

# 悠遊廚娃

How to make ⊖ P.104至P.106

原寸圖案 P.125

悠遊廚娃　原寸圖案・P.125

**■ 材料準備**
野木棉
棉布
舖棉
拉鍊 12.5cm

## How to make

Step **1**
製作
前片袋身

**1** 裡布＋表布正面相
對＋舖棉，車縫一
圈，請預留返口。

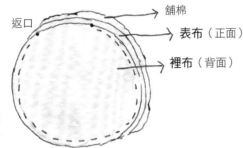

返口　　　　　　舖棉
返口　　　　　　表布（正面）
　　　　　　　　裡布（背面）

返口

**3** 袋身周圍縫份剪
牙口。返口處不
需裁剪。

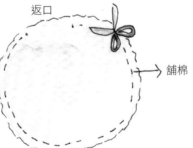

返口

舖棉

**2** 剪掉周圍舖棉縫份，
返口處不需裁剪。

返口

**4** 由返口處翻至正
面，再以藏針縫
縫合返口。

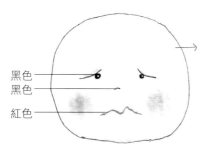

前片袋身（正面）

黑色
黑色
紅色

5 使用布料專用筆畫上眼睛、眉毛、鼻子、嘴巴。
眼睛上的白點：使用白色壓克力顏料點上。
腮紅：使用色粉輕輕重覆多次拍上。

Step 2
製作
後片袋身

後片袋身作法與 Step. 1-1 至
Step. 1-4 相同。

Step 3
縫合拉鍊

前片袋身與後片袋身下
方與拉鍊縫合。

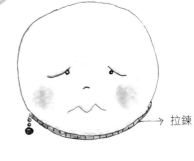

拉鍊

Step 4
縫合袋身

前片袋身及後片袋
身未與拉鍊縫合處，再
以直針縫縫合。

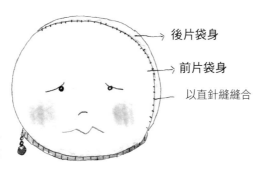

後片袋身

前片袋身

以直針縫縫合

Step 5
固定yoyo

製作 6 個 yoyo，依適
合位置縫合固定於臉
部。yoyo 作法請參考
P.106。

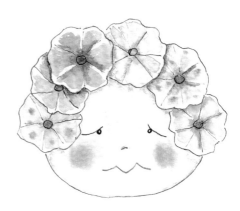

# Yoyo 製作

**1** 裁剪一片圓形布片。

**2** 將布片縫份（約 0.5 cm）往背面摺。

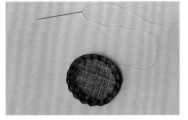

**3** 疏縫一圈。

**4** 縫線略為拉緊。

**5** 由洞口塞入些許棉花，建議可利用鑷子輔助。

**6** 再順著圓形疏縫一圈。

**7** 將縫針由打結處穿入。

廚娃の設計
tips

製作yoyo一般不加入棉花，為了作品設計需要所以加入。

**8** 再由底部穿出，拉扯一下線頭，再把縫線剪斷即完成。

櫻花雖美，
但我更愛桂花。

小時候，
老家大門栽種了
兩棵桂花樹，
桂花的香味，
讓我安心。

也讓我
充滿思念。

handmade bag

# 烏嚕嚕

How to make ⊕ P.109

原寸圖案 P.126至P.127

# How to make

★袋身作法與 P.102《悠遊廚娃》相同，請參考
　P.104。唯有 Step. 1-5 不同。

★若無黑色布料專用筆，亦可以細字奇異筆替代。

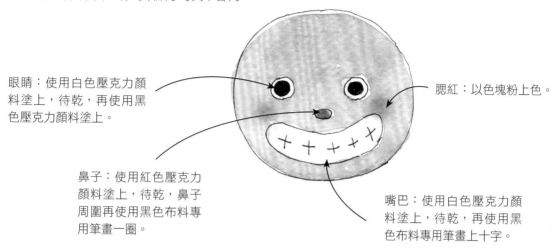

眼睛：使用白色壓克力顏
料塗上，待乾，再使用黑
色壓克力顏料塗上。

鼻子：使用紅色壓克力
顏料塗上，待乾，鼻子
周圍再使用黑色布料專
用筆畫一圈。

腮紅：以色塊粉上色。

嘴巴：使用白色壓克力顏
料塗上，待乾，再使用黑
色布料專用筆畫上十字。

貼布縫
前置作業
教學

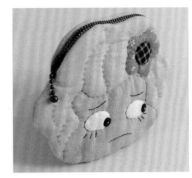

**1** 使用描圖紙描繪貼布縫圖案。

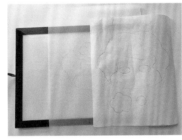

**2** 將冷凍紙疊放在描圖紙上,再將圖案描繪下來,(請將描圖紙圖案背面朝上,冷凍紙光滑面朝下)★建議可使用燈箱光源以利描繪作業,若家中無燈箱,可以布用轉印紙,將圖案描繪於表布。

**3** 以剪刀將冷凍紙的圖案剪下。

**4** 利用熨斗將冷凍紙燙黏在布片的背面。

**5** 貼布縫布片除了頭部之外,其他圖案皆留 0.3cm 縫份後,剪下。

**6-1** 將布片縫份沿著冷凍紙整燙。布片凹陷處請剪牙口。

6-2 可利用膠水調和液定型（將膠水加水，以手指測試使其有點粘性即可）。將膠水調和液塗抹在貼布縫份上，再以熨斗整燙使其定型。

6-3 正面的樣子。

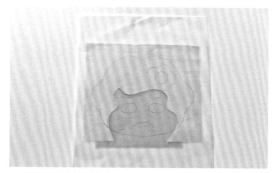

7 將描圖紙疊放在布片上，顯示出貼布縫的位置。

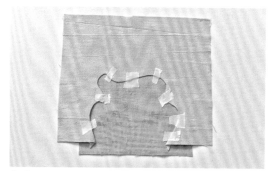

8-1 利用紙膠帶固定貼布縫圖案，進行貼布縫。

8-2 進行貼布縫剩一個小洞時，將冷凍紙取下再繼續縫合，建議可以鑷子輔助。

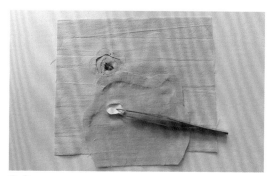

8-3 亦可以貼布縫完成，翻到背面，將布片剪一個小洞，再把冷凍紙取出。

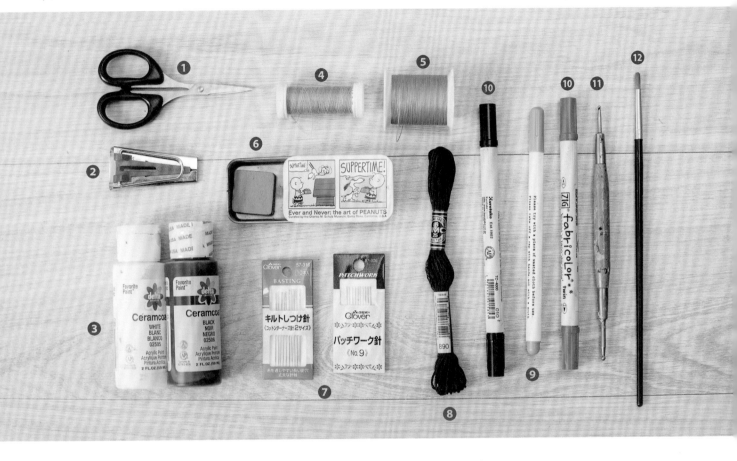

① 小剪刀：剪線時使用。
② 滾邊器：用於布條定型。
③ 壓克力顏料：用於眼睛彩繪。
④ 手縫線：貼布縫使用。

⑤ 手縫線：一般縫合、壓線時使用。
⑥ 色粉：腮紅拍打使用。
⑦ 疏縫針 · 手縫針
⑧ 繡線

⑨ 水消筆
⑩ 布用彩色筆
⑪ 鐵筆：眼睛彩繪工具
⑫ 水彩筆：畫腮紅時使用

# 三角袋底製作方法

1 袋身正面相對對摺，車縫左右兩邊。

2 將袋底左右兩邊畫出所需尺寸的正方形。

3 將袋身轉至另外一面，同步驟 2 的作法。

★假設需要的底是 12cm，尺寸就是除以 2 的正方＝ 6 cm。
假設需要的底 10 cm 則除以 2 的正方＝ 5 cm，以此類推。

4 從尖端拉出成為三角形，對齊畫出的直線，車縫。

5 另一邊同步驟 4 的作法，即完成三角袋底。

廚娃の設計
tips

本書的三角袋底皆以此作法完成，製作
作品時，請參考本頁說明。

# 基礎繡法

**輪廓繡**

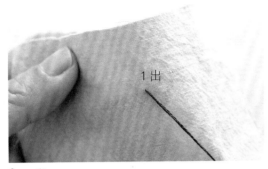

**1** 1出。

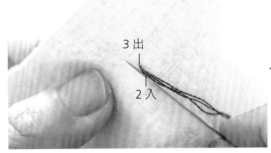

**2** 2入→3出。

**3** 4入→5出。

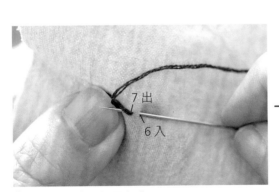

**4** 6入→7出，如圖完成。

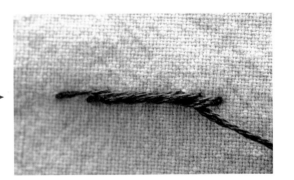

# 基礎繡法

**1** 1出。

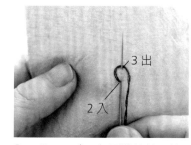

**2** 2入→3出，如圖將線繞至針下。

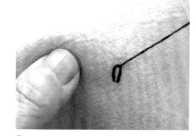

**3** 如圖拉出。

**4** 4入。

**5** 完成。

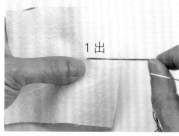

**1** 1出。

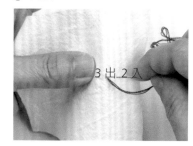

**2** 2入→3出。

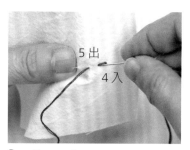

**3** 4入→5出

**4** 回針縫完成。

# 基礎繡法

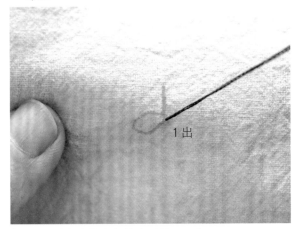

**1** 如圖以水消筆畫出葉片形狀→ 1 出。

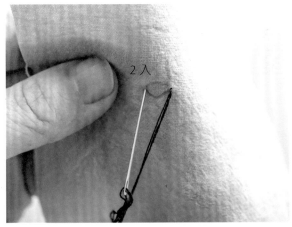

**2** 從中間開始填滿→ 2 入。

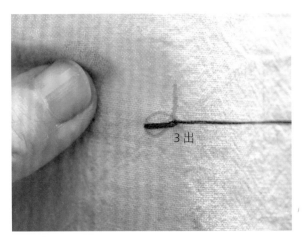

**3** 3 出。

**4** 如圖填滿即完成。

# 基礎繡法

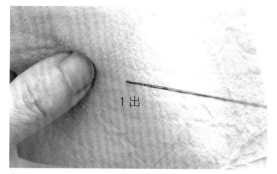

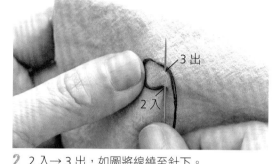

**1** 1出。

**2** 2入→3出，如圖將線繞至針下。

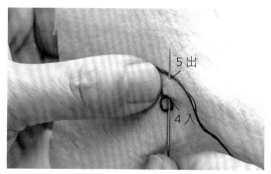

**3** 4入→5出，如圖將線繞至針下。

**4** 6入→7出，如圖將線繞至針下。

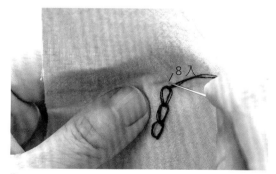

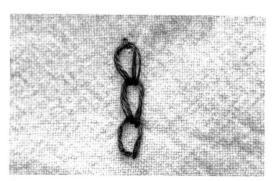

**5** 8入，固定。

**6** 如圖完成需要的長度。

鎖鍊繡

## 基礎繡法

八字結粒繡

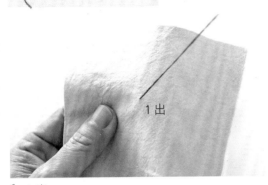

**1** 1出。

**2** 將繡線如圖繞成八字結狀。

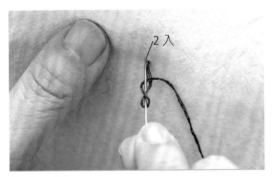

**3** 由2穿入。

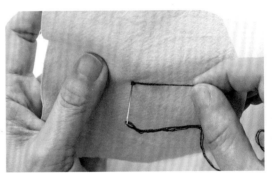

**4** 繡線拉緊再穿入打結。

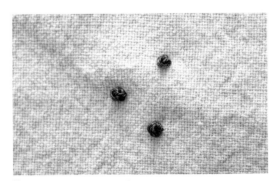

**5** 如圖完成需要的顆數。

# 附錄圖案&紙型

本書作法製圖尺寸皆已含縫份。拼接縫合請以 1cm 車縫。

本書附錄圖案 & 紙型皆為原寸,圖案縫製時請外加縫份 0.3 cm,袋物紙型外加 1cm。請影印或描下後使用。

本書作品的裡袋大多以帆布製成,因布料較厚,可以不燙厚布襯,請依個人喜好選擇布料。

WATERCOLOR
PAPER PAD
SONG JWU  R70  日本水彩紙

# p.36

## 捲捲廚娃的浣熊野餐日

本作品
繡法及顏色
請參考 P.39 說明

# p.60
## 小蜜蜂的旅行對話

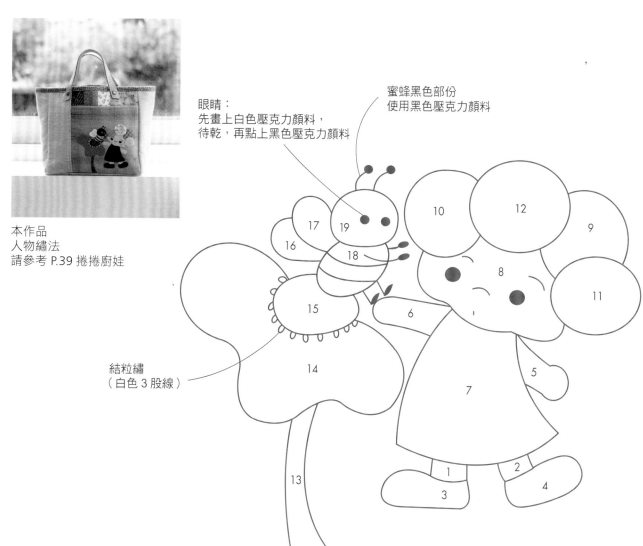

本作品
人物繡法
請參考 P.39 捲捲廚娃

眼睛：
先畫上白色壓克力顏料，
待乾，再點上黑色壓克力顏料

蜜蜂黑色部份
使用黑色壓克力顏料

結粒繡
（白色 3 股線）

# p.68

## 小犀牛的華麗冒險

本作品
人物繡法
請參考
P.39 捲捲廚娃

回針縫
（黑色1股線）

回針縫
（黑色1股線）

回針縫
（黑色1股線）

黑色壓克力顏料

眼睛：
先畫上黑色壓克力顏料，
待乾，再點上白色壓克力顏料

回針縫
（咖啡色2股線）

# p.72

## 獅子的加油拔河

本作品
人物繡法
請參考
P.39 捲捲廚娃

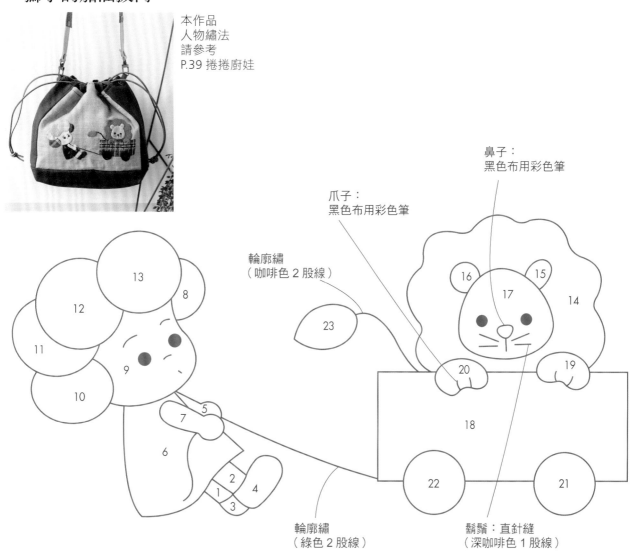

鼻子：
黑色布用彩色筆

爪子：
黑色布用彩色筆

輪廓繡
（咖啡色 2 股線）

輪廓繡
（綠色 2 股線）

鬍鬚：直針縫
（深咖啡色 1 股線）

# p.88

## 小小蘇的快樂時光

本系列作品
繡法及顏色
請參考 P.91 説明，
兩件作品可延伸運用。

圖案輪廓：
皆以回針縫
黑色 2 股線完成

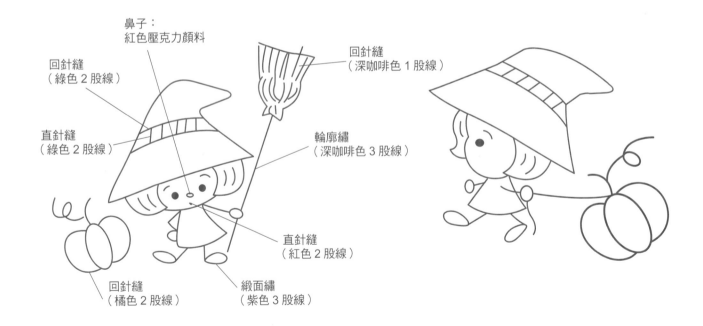

鼻子：
紅色壓克力顏料

回針縫
（綠色 2 股線）

直針縫
（綠色 2 股線）

回針縫
（深咖啡色 1 股線）

輪廓繡
（深咖啡色 3 股線）

直針縫
（紅色 2 股線）

回針縫
（橘色 2 股線）

緞面繡
（紫色 3 股線）

附錄圖案 & 紙型
# p. 102
## 悠遊廚娃（YOYO）

**P.102悠遊廚娃（YOYO）**

（已含縫份）

**P.108烏嚕嚕（YOYO）**

（已含縫份）

附錄圖案 & 紙型

# p.102

## 悠遊廚娃（YOYO）

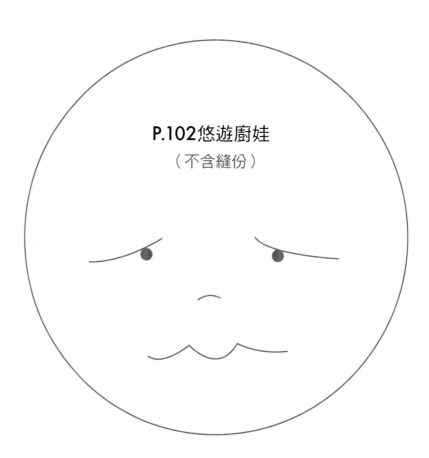

P.102悠遊廚娃

（不含縫份）

附錄圖案 & 紙型

# p. 108

## 烏嚕嚕

P.108烏嚕嚕

（不含縫份）

國家圖書館出版品預行編目（CIP）資料

好可愛手作包：廚娃の小動物貼布縫設計book/
Su廚娃著. -- 初版. -- 新北市：雅書堂文化事業
有限公司, 2023.03
　　面；　公分. --（廚娃手作力；1）
　　ISBN 978-986-302-664-8（平裝）

1.CST: 手提袋 2.CST: 手工藝

426.7　　　　　　　　　　　　112001681

**特別感謝**

皮革提供／素清

旅行攝影協助／瓊、文英、蔡田、玉青

Su 廚娃手作力 01

# 好可愛手作包
廚娃の小動物貼布縫設計 book

作　　者／Su 廚娃
發 行 人／詹慶和
執行編輯／黃璟安
編　　輯／蔡毓玲・劉蕙寧・陳姿伶
執行美編／陳麗娜
作法・旅行攝影・繪圖插畫設計／Su 廚娃
情境攝影／Muse Cat Photography 吳宇童
美術編輯／周盈汝・韓欣恬
出 版 者／雅書堂文化事業有限公司
發 行 者／雅書堂文化事業有限公司
郵政劃撥帳號／18225950
戶　　名／雅書堂文化事業有限公司
地　　址／新北市板橋區板新路 206 號 3 樓
電　　話／（02）8952-4078
傳　　真／（02）8952-4084
網　　址／www.elegantbooks.com.tw
電子信箱／elegant.books@msa.hinet.net

2023 年 03 月初版一刷　定價 520 元

經銷／易可數位行銷股份有限公司
地址／新北市新店區寶橋路 235 巷 6 弄 3 號 5 樓
電話／（02）8911-0825　傳真／（02）8911-0801

Su♡對娃